Kim Holger Opel

Stadtgeographie - Stadtdefinitionen und Verdichtungsraumkategorien

GRIN Verlag

Bibliografische Information der Deutschen Nationalbibliothek:

Die Deutsche Bibliothek verzeichnet diese Publikation in der Deutschen National-
bibliografie; detaillierte bibliografische Daten sind im Internet über http://dnb.d-
nb.de/ abrufbar.

Impressum:

Copyright © 2004 GRIN Verlag GmbH
Druck und Bindung: Books on Demand GmbH, Norderstedt Germany
ISBN: 978-3-638-79930-0

Dieses Buch bei GRIN:

http://www.grin.com/de/e-book/29566/stadtgeographie-stadtdefinitionen-und-
verdichtungsraumkategorien

GRIN - Your knowledge has value

Der GRIN Verlag publiziert seit 1998 wissenschaftliche Arbeiten von Studenten, Hochschullehrern und anderen Akademikern als eBook und gedrucktes Buch. Die Verlagswebsite www.grin.com ist die ideale Plattform zur Veröffentlichung von Hausarbeiten, Abschlussarbeiten, wissenschaftlichen Aufsätzen, Dissertationen und Fachbüchern.

Besuchen Sie uns im Internet:

http://www.grin.com/

http://www.facebook.com/grincom

http://www.twitter.com/grin_com

Proseminar „Allgemeine Wirtschaftsgeographie"

WS 2003/04

Referat „Stadtgeographie –

Stadtdefinitionen und Verdichtungsraumkategorien"

Kim Holger Opel, Köln

Seminar für Wirtschafts- und Sozialgeographie

Universität zu Köln

Inhaltsverzeichnis

Abbildungs- und Tabellenverzeichnis

1. Einführung in die Thematik

Die Stadt, schon seit der Antike Brennpunkt des gesellschaftlichen-politischen Handelns und der Kultur und Verdichtungsraum menschlichen Wohnens und Wirkens, wird schon lange als eine dynamisch und komplex aufgebaute Kulturlandschaft mit intensiven Beziehungen zum nicht-städtischen Raum und anderen Städten gesehen.[1] Das Problem der Stadtgeographie als einer Unterdisziplin der Siedlungsgeographie ist aber schon alleine die genaue Definition des Terminus „Stadt". Von der griechisch-römischen Antike über das Mittelalter bis in die vor- und nachindustrielle Neuzeit gab es immer andere und neue Charakteristika zu deren Beschreibung. Dem Stadtrecht wird dabei im Mittelalter eine besondere Bedeutung zugesprochen, denn nur so konnten sich bedeutende Wirtschaftspunkte bilden. Auch heutzutage gibt es keine international einheitliche Festlegung einer Mindestgröße für Klein-, Mittel- und Großstädte. Dies kann je nach Land von wenigen Hundert bis zu mehreren Zehntausend variieren.

Aus jeder Veränderung des Stadtraumes ergeben sich viele Definitionsmöglichkeiten, Konzepte und Fragestellungen, die kontinuierlich revidiert bzw. angepasst werden müssen. Mit zunehmender Größe einer Stadt bilden sich immer neue Fragen und Problemfelder. Lichtenberger beschreibt dies folgendermaßen: „Stadtforschung ist im wesentlichen immer Großstadtforschung gewesen. In den großen Städten verdichten und potenzieren sich alle Probleme und Konflikte der Gesellschaft"[2].

Stadtgeographie steht aber auch nicht alleine als Wissenschaft da. Auch innerhalb einer Stadt bieten sich eine Vielzahl von Analysefeldern an, bspw. die Verteilung sozialer Gruppen oder die Stadtplanung. So steht diese Disziplin in engem Zusammenhang mit Statistik, Gesellschaftswissenschaften, Umweltforschung und Städtebau.

---

[1] Vgl. Hofmeister 1993, S. 8.

[2] Lichtenberger 1998, S. 15.

2. Stadtdefinition

2.1 Zur Problematik der Begriffsdefinition

Das erste und wichtigste Problem bei der Analyse von Städten innerhalb der Stadtgeographie ist nach Harold Carter die Definition und Abgrenzung des Begriffes „Stadt"
oder „Großstadt" von „Dorf" oder „Weiler" sowie die Unterscheidung zwischen „städ-
tisch" und „ländlich". [3] Durch eine fehlende internationale Vereinbarung über die Definition einer „Stadt" hat sich im Laufe der Zeit eine Mannigfaltigkeit von Begriffen
für Siedlungen entwickelt, die eine genaue Abgrenzung Stadt-Land erschweren.

Cay Lienau definiert eine Siedlung als „menschlich[en] Wohnplatz mit seinen Wohn-
und Wirtschaftsbauten, den Verkehrsflächen (Straßen, Wege, Plätze), den Gärten und
Hofplätzen, Erholungsflächen (Grünanlagen, Sportplätze) und Sonderwirtschaftsflä-
chen (Ausstellungsanlagen, Hafenplätze u. ä.)"[4]. Dies löst seiner Ansicht nach aber
nicht „die Schwierigkeit einer Abgrenzung der Raumkategorien gegeneinander, also
der Siedlung und Siedlungsfläche gegen die Fläche, die nicht mehr zur Siedlung ge-
rechnet wird, des ländlichen Raums gegen den nichtländlichen"[5]. Er sieht die Grenze
zwischen Stadt und Land bis zum Industriezeitalter durch das herrschende Stadtrecht
als rechtlich fixiert, heute dagegen als fließend an; sie ist also nicht statisch, sondern
dynamisch.[6]

Eine ähnliche geschichtliche Zäsur macht auch Elisabeth Lichtenberger. Sie grenzt den
historischen geographischen Stadtbegriff, der sich primär an der vorindustriellen, eu-
ropäischen Stadt orientiert, vom aktuellen ab.[7] Lichtenberger begründet die historische
Stadtdefinition ebenfalls mit „dem politisch-rechtlichen und gesellschaftlichen Gegen-
satz von Stadt und Land"[8] und ergänzt sie durch folgende Merkmale:

- Umgrenzung des Gebietes durch eine Mauer, als Ausdruck der Geschlossenheit
  einer Gesellschaft im Wirtschafts- und Wehrverbund

- Straßenkreuzung bzw. Marktplatz als Schnittpunkt von Handel und Verkehr,
  sowie als Orientierungs- und Mittelpunkt der Stadt

---

[3] Vgl. Carter 1980, S. 55.
[4] Lienau 1997, S. 9.
[5] Lienau 1997, S. 9.
[6] Vgl. Lienau 1997, S. 12f.
[7] Vgl. Lichtenberger 1998, S. 30f.
[8] Lichtenberger 1998, S. 30.

- Gliederung der Stadt in Viertel als Verwaltungsakt und zur Kennzeichnung baulicher, ökonomischer, ethnischer und sozialer Bezirke

- Rechtliche Sonderstellung durch Hoheitsrechte wie Gerichtsbarkeit und Marktrecht.[9]

Beispielhaft sieht sie die Anlage der Städte nach dem Vorbild eines römischen Castrums, in dem sich zwei Straßen in der Mitte der Anlage treffen, dort eine Straßenkreuzung bzw. einen vergrößerten (Markt-)Platz bilden, und sie in vier Insulae, die Viertel, teilen.[10]

Abb. 1: Modell eines römischen Castrums

Eine noch präzisere Unterscheidung macht Hofmeister, indem er zwischen einer vorgeschichtlichen, antiken und mittelalterlichen Stadt unterscheidet.[11] Er zitiert den britischen Archäologen Childe, der am Beispiel von Jericho sechs Merkmale festlegt, die eine vorgeschichtliche Stadt definieren: eine große Bevölkerungsdichte zwischen städtischen und nicht-städtischen Siedlungen, eine vielfältige Bevölkerungszusammensetzung durch Zuwanderungen, Beschäftigung auch mit nicht-produktiven Faktoren, wie Kunst, Wissenschaft und Gemeinschaftsaufgaben, sowie die Ernähung der Stadtbevölkerung vom Überschuss des umliegenden Landes und daraus resultierende Handelsbeziehungen.[12] Die römische Stadt bildete dagegen mit dem umliegenden Territorium eine Einheit; Ackerbau war ihre Existenzgrundlage, sie konnte so autark agieren. Auch bei der mittelalterlichen Stadt hatten andere Kriterien mehr Gewicht. Oft waren sie Sitz einer weltlichen oder geistlichen Macht, gekennzeichnet durch Bauwerke wie Kathedralen oder Fürstenburgen, und besaßen die schon erwähnten Besonderheiten wie Stadtrecht („Stadtluft macht frei!") und Ummauerungen.

---

[9] Vgl. Lichtenberger 1998, S. 30.

[10] Vgl. Lichtenberger 1998, S. 30.

[11] Vgl. Hofmeister 1993, S.228ff.

[12] Vgl. Childe 1950, zit. in Hofmeister 1993, S. 228.

Der nachindustriell geprägte, aktuelle Stadtbegriff nach Lichtenberger umfasst als räumliche Kriterien die Anordnung der Stadt um einen Mittelpunkt und ein so genanntes Kern-Rand-Gefälle[13], wobei sie aber einschränkt, dass einerseits die physische Geschlossenheit des Gebietes nur noch im Zentrum überwiegen muss und andererseits der Begriff des Viertels nur noch eine Organisationseinheit der Stadt bezeichnet.[14] In Ermangelung sonstiger Kriterien wird dann ergänzend die durch Einwohnerzahl definierte Stadtgröße, Carter nennt es „Minimalbevölkerung"[15], als systematisches Kriterium herangezogen, evt. mit Ergänzungen zur Nutzenintensität des Stadtraums und der Erwerbsstruktur.[16] Die statistische Untergrenze ist dabei allerdings recht weitreichend, bedingt durch die fehlende internationale Größenfestlegung, aber auch durch kulturelle und geographische Unterschiede, und kann von 200 bis zu 50.000 Einwohnern reichen.

Untergrenze der Einwohnerzahl	Staat
200	Spanien, Norwegen, Dänemark
2.000	Frankreich, Deutschland, Niederlande
2.500	USA
10.000	Griechenland, Schweiz
50.000	Japan

Tab. 1: Einwohneruntergrenzen für Städte in verschiedenen Ländern

Einen Schritt weiter geht sogar noch der Soziologe Friedrichs, der auf eine Definition des Begriffes „Stadt" ganz verzichten möchte, da sich dieser Bereich für die Gesellschaftsanalyse nicht soziologisch abgrenzen lässt, vielmehr stehen bestimmte Sachverhalte im Vordergrund, die für das Gebiet einer Stadt signifikant sind.[17]

Abschließend bleibt noch festzustellen, dass die herkömmliche Charakterisierung des Objektes Stadt bei weitem nicht mehr ausreicht, die damit verbundenen Wachstumsprozesse und Veränderungen darzustellen. Während auf der einen Seite noch lange in Mitteleuropa, bedingt durch die Stadtgründungen kleiner und kleinster Territorialherren im Mittelalter, so genannte Zwergstädte existierten, beispielhaft nennt Hofmeister

---

[13] „zentral-peripherer Gradient", aus: Lichtenberger 1998, S. 31.

[14] Vgl. Lichtenberger 1998, S. 31.

[15] Carter 1980, S. 55.

[16] Vgl. Lichtenberger 1998, S. 31.

[17] Vgl. Friedrichs 1977, S. 17, zit. in Hofmeister 1993, S. 226.

die Grafenhauptstadt Hauenstein nahe Waldshut mit nur 167 Einwohnern im Jahre 1885, entwickelten sich andererseits in der Neuzeit riesige Stadt-Agglomerationen, wie z.B. Tokio-Yokohama mit rund 17 Mio. Einwohnern (1993).[18]

2.2 Christallers Theorie Zentraler Orte als Versuch einer Stadtdefinition

Einen weiteren Erklärungsansatz für das Phänomen Stadt gab es 1933 durch die Raum-ordnungs-Theorien von Walter Christaller, die hier aber nur kurz dargestellt werden sollen. Er untersuchte die Beziehungen einer Stadt mit dem entsprechenden Umland und konnte dabei eine Mittelpunktfunktion für die Art und Häufigkeit bei der Inan-spruchnahme von Gütern und Dienstleistungen, einen so genannten Zentralen Ort, feststellen. Sie dienen als „Sammler und Verteiler"[19], was bei Hofmeister mit einem „relativen Bedeutungsüberschuss"[20] bezeichnet wird, der einen gewissen Zentralitäts-charakter besitzt. Sie bilden also den zentralen Versorger der Umgebung. Die beste Versorgung wird dabei erreicht, wenn mehrere Städte untereinander den gleichen Ab-stand besitzen, sie nach Christaller auf den Kanten eines gleichseitigen Dreieckes lie-gen, die sich zu Sechsecken zusammenfügen und so eine Bienenwabenform erstehen lassen.[21]

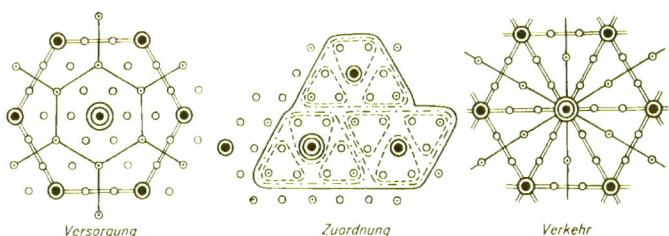

Versorgung   Zuordnung   Verkehr

Abb. 2: Das System der Zentralen Orte

Diese Gleichförmigkeit in ihrer Struktur unterbricht er jedoch durch das dynamische Element des Wettbewerbes: bedingt durch unterschiedliche Nachfragen in den Stadt-umgebungen und die abweichenden Entwicklungsstufen, z.B. industrialisierte und ag-rarische Räume, was in einer ungleichen Verkehrsentwicklung resultiert, sowie durch die politisch-administrativen Schwerpunkte entwickelt sich ein Hierarchiesystem. Je

[18] Vgl. Hofmeister 1993, S. 227.

[19] Lienau 1997, S. 135.

[20] Hofmeister 1993, S. 91.

[21] Vgl. Hofmeister 1993, S. 92.

6

nach Dominanz hat der Zentrale Ort eine bestimmte Rangstufe, bspw. ein Marktort mit der niedrigsten Stufe und die Landesmetropole mit der höchsten. Für diese gibt er jeweils charakteristische Einwohner- und Umlandbevölkerungszahlen, sowie die mit steigender Zentralität typische, in der Qualität steigende, Einrichtungen wie Banken oder Gerichte an.[22]

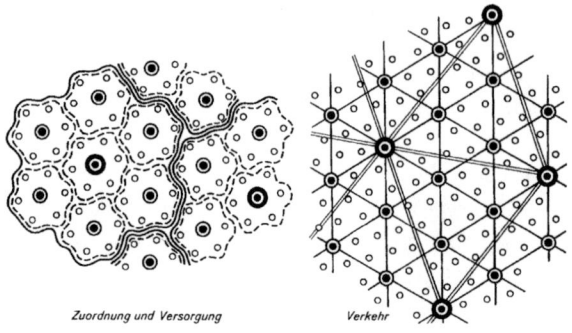

Zuordnung und Versorgung   *Verkehr*

Abb. 3: Hierarchiebildung bei Zentralen Orten

2.3 Das Kern-Peripherie-Modell von Friedmann

Ein wichtiges räumliches Kriterium ist für Lichtenberger die Anordnung einer Stadt um einen Mittelpunkt und ein dadurch entstehendes Kern-Rand-Gefälle. Auch bei Christaller konzentriert sich ein Zentraler Ort auf einem bestimmten geographischen Punkt und geht eine Symbiose mit dem Umland ein. Ein dritter Erklärungsansatz für das Phänomen einer Stadtentstehung ist das Kern-Peripherie-Modell von Friedmann. Dabei wird die anfängliche Gleichverteilung der Bevölkerung im Raum durch die industrielle Entwicklung zerstört. Durch die Industrialisierung und einer gewissen Konzentrationsneigung industrieller Betriebe bilden sich starke räumliche Unterschiede; es entstehen industrielle Kernräume, die von Randgebieten, den peripheren Räumen, umschlossen werden. Dieses zusammenhänge Raumsystem besitzt folgende Merkmale[23]:

- Strukturunterschiede zwischen einerseits dem Kernbereich mit einer starken Konzentration von Industrie, Dienstleistungsgewerbe und Bevölkerung mit hohem Einkommen, sowie einer hoch entwickelten Infrastruktur und andererseits

---

[22] Vgl. Hofmeister 1993, S. 92.

[23] Vgl. Arnold 1992, S.16f.

eine weit verbreitete Landwirtschaft, eine homogen verteilte Bevölkerung und gering entwickelte Infrastruktur in der Peripherie

- Austauschbeziehungen, wobei der Kernraum Faktoren wie Know-how, Kapital und Industrieprodukte, dagegen die Peripherie Rohstoffe und Arbeitskräfte liefert

- Dependenzbeziehungen, d.h. die Peripherie ist durch Entscheidungen im Kern, durch bspw. Regierungsstellen und Hauptverwaltungen, abhängig

Da es sich hier allerdings um einen räumlichen Erklärungsversuch für das Zeitalter der Industrialisierung handelt, wäre es interessant zu überprüfen, ob sich diese Entwicklung auch in Zukunft fortsetzen wird oder sich durch Fördermaßnahmen und Stadtflucht wieder umkehrt.

3. Verdichtungsraumkategorien

Ein Verdichtungsraum ist eine „städtische Agglomeration[24]", die eine hohe Verflechtungsrate demographischer, sozioökonomischer, ökologischer und infrastruktureller Merkmale, sowie eine hohe Kommunikationsdichte wirtschaftlicher und sozialer Beziehungen aufweist.[25] Klassische Beispiele sind hier das Rhein-Ruhr- und das Rhein-Main-Gebiet. Gaebe[26] bezeichnet sie auch als „Bevölkerungs-, Industrie-, Handels-, Arbeitskräfte- und Verwaltungszentren", „Kontakt- und Innovationszentren" und „Hauptzentren der Bildung, Kunst, Musik, Literatur, des Theaters und der Unterhaltung". Dabei unterscheidet er zwischen einkerniger und mehrkerniger Raumorganisation, wobei letzteres als ein polyzentrischer Ballungsraum definiert werden kann. Mehrkernige Räume können dabei auch noch untereinander konkurrieren und sich überschneiden. Eine so genannte „Megalopolis"[27] ist eine Kombination von ein- und mehrkernigen Verdichtungsräumen. Am Beispiel der Rhein-Ruhr-Region stellt er weiterhin noch als Untergliederung wirtschaftliche und politisch-administrative Subsysteme da mit jeweils unterschiedlichen sozioökonomischen Entwicklungen.

---

[24] Agglomeration: „größere mehrgliedrige städtische Gebiete" nach : Lichtenberger 1998, S. 39.

[25] Vgl. Gaebe 1976, S.3.

[26] Vgl. Gaebe 1976, S.3ff.

[27] Gaebe 1976, S.5.

Lichtenberger sieht Verdichtungsräume als eine „Kombination von Ballungsräumen und Stadtregionen"[28], die, wie Agglomerationsräume, folgende Kriterien besitzen[29]:

- Pendlerverflechtungen, Einzugsbereiche von Zeitungen, Einzelhandelsdichte

- Städtebauliche Faktoren, bspw. Geschlossenheit und Dichte einer Bebauung

- Bevölkerungskriterien, wie Dichte und Entwicklungsstand

Zur möglichst genauen Abgrenzung dieser Gebiete bedarf es einer Festlegung von Grenzwerten der Raumkennzeichnung. Boustedt, Müller und Schwarz haben in ihrem 1968 veröffentlichten Gutachten folgende Mindestanforderungen für einen Verdichtungsraum festgelegt[30]:

- Fläche von 100 km^2

- Einwohnerzahl von 150.000

- Einwohnerdichte von 1000 Einw./ km^2

- Dazu in jeder einzubeziehenden Gemeinde: Einwohner- und Arbeitsplatzdichte (EAD) von 1.250 oder eine relative Bevölkerungszunahme von 10%

Diese Kriterien erwiesen sich jedoch nicht immer als ausreichend, deshalb wurde das Konzept später von der Ministerkonferenz für Raumordnung (MKRO) zusammen mit den Ballungsrandzonen zum so genannten „Ordnungsraum oder Verdichtungsgebiet"[31] erweitert.

---

[28] Lichtenberger 1998, S. 44.

[29] Vgl. Lichtenberger 1998, S. 39.

[30] Vgl. Hofmeister 1993, S.83ff.

[31] Hofmeister 1993, S.86.

4. Schlussbetrachtung

Zum Phänomen Stadt kann man zusammenfassend sagen, dass es weder historisch, juristisch, noch geographisch eine einheitliche Definition gibt. Für diesen sich ständig wandelnden Begriff, wie z.B. Ballungsraum, Kernstadt oder Metropole, sind jeweils immer unterschiedliche und mehrere Kriterien heranzuziehen. Formal gesehen ist es eine administrative Einheit, die mit einem bestimmten Recht versehen ist – dem Stadtrecht. Im Mittelalter kam hier besonders dem Stapel- und dem Marktrecht eine große Bedeutung zu.

Geographisch ist es jedoch ein dynamisches Regionalsystem mit einer Vielzahl von Merkmalen, z.B.

- verglichen mit einer ländlichen Siedlung eine höhere Bevölkerungsdichte, die sich auch stärker differenziert (Viertel-, Gruppen- und Schichten-Bildung),

- eine zentralörtliche Funktion zum Umland, d. h. eine zentrale Bedeutung für Innovationen, Infrastruktur, Arbeitsplätze (meist im sekundären und tertiären Sektor), sowie bei der Versorgung mit Dienstleistungen und nicht-alltäglichen Gütern,

- eine eher geschlossene und dichte Bauform und

- kulturelle Unterschiede.

Eine Stadt ist also immer mit dem Begriff der „Zentralität" verbunden, was Christaller in seiner Theorie der Zentralen Ort modelliert hat. Dort hat sie mit ihrem „relativen Bedeutungsüberschuss"[32] eine Versorgungsfunktion für das Umland mit sozialen, wirtschaftlichen und kulturellen Gütern.

Im Laufe der Industrialisierung wurden diese Zentren aber immer größer und entwickelten sich, eindrucksvoll darstellbar am Beispiel des Ruhrgebietes, zu Ballungsräumen. Mit einer Kategorisierung dieser Verdichtungsräume versuchte man diese Entwicklung von Städten zu beschreiben, was aber durch Mega-Ballungsräume, wie bspw. Tokio-Yokohama schon wieder hinfällig wird. Städte sind also nicht, wie bereits geschildert, statische, sondern höchst dynamische Gebilde.

---

[32] Hofmeister 1993, S. 91.

Literaturverzeichnis

Arnold, K. (1992), Wirtschaftsgeographie in Stichworten, Hirt's Stichwörterbücher. Berlin u. a.: Borntraeger.

Carter, H. (1980), Einführung in die Stadtgeographie. Berlin u. a.: Borntraeger.

Childe, G. (1950), The Urban Revolution, London: Watts.

Friedrichs, J. (1997), Stadtanalyse – Soziale und räumliche Organisation der Gesellschaft. Reinbek: Rowohlt.

Gaebe, W. (1976), Die Analyse mehrkerniger Verdichtungsräume – Das Beispiel des Rhein-Ruhr-Raumes. Karlsruhe: Selbstverlag.

Hofmeister, B. (1993), Stadtgeographie (Das geographische Seminar). Braunschweig: Westermann.

Lichtenberger, E. (1998), Stadtgeographie – Begriffe, Konzepte, Modelle, Prozesse, Bd. 1. Leipzig u. a.: Teubner.

Lienau, C. (1997), Die Siedlungen des ländlichen Raumes (Das geographische Seminar). Braunschweig: Westermann.

Pfeil, E. (1972), Großstadtforschung. Hannover: Jänecke.